#numbercake

넘버 케이크 카토리나 지음

오 늘
부 터

CHALET Travel & Life

Introduction

세계적으로 유행하고 있는 '넘버 케이크'를 알고 있나요? 이름처럼 숫자 모양의 이 케이크는 생일이나 기념일을 축하하기 위한 선물로 안성맞춤입니다. 지금까지는 생일 케이크라고 하면 오랫동안 '딸기 생크림 케이크'가 인기였지만 넘버 케이크가 그 자리를 위협하는 존재가 될지도 모르겠네요.

크림을 사용하는 케이크는 만들기 어렵다는 선입견을 갖고 있을지 모르지만, 이 책에 소개한 넘버 케이크는 초보자라도 누구든 도전해볼 수 있습니다. 시트는 친숙한 스펀지 시트와 사브레 시트를 주로 쓰는데, 특히 스펀지 시트는 철판에 얇게 굽는 타입으로 실패할 확률이 적고 굽는 시간도 짧습니다. 이 책에 실려 있는 숫자 패턴을 사용해 넘버 케이크를 만들어보세요.

크림에는 치즈와 젤라틴을 섞었기 때문에 딱 좋을 정도로 단단해서 시트 위에 올려도 쉽게 무너지지 않습니다. 크림을 짜는 방법도 간단해서 금방 익숙해집니다. 토핑은 주위에서 쉽게 구할 수 있는 과자를 사용했습니다. 과일과 식용 꽃을 가지고 책에 실린 사진을 보면서 예쁘게 데커레이션하세요.

귀엽고 사랑스러운 비주얼과 어울리는 달콤한 맛의 넘버 케이크와 함께하면 이벤트가 더욱 흥겨울 것입니다. 그 모습을 소셜미디어에 '#numbercake'로 올려 모든 사람들과 공유하세요. 그리고 멋진 파티도 즐겨보세요!

Fraisier

생크림 케이크 스타일

넘버 케이크를 만드는 과정은 크게 3가지로 나뉩니다.

먼저 시트를 만들고, 크림을 올린 후

토핑으로 예쁘게 데커레이션하면 완성!

재료 (숫자 하나 분량)

● **스펀지 시트**
  달걀 3개(150g)
  설탕 90g
  박력분 90g
  A │ 버터 20g
    │ 우유 20g

● **마스카르포네 크림**
  생크림 100g+100g
    분말 젤라틴 3g
    냉수 15g
  슈가 파우더 35g
  바닐라 에센스 10방울(2g)
  마스카르포네 200g

● **토핑**
  딸기 5개
  라즈베리 3~5개
  데코 스노우 적당량
  민트 잎 적당량
  마카롱(핑크) 3개
  미니 장미 꽃잎(식용) 적당량

> **POINT**
> 재료는 기본 숫자 하나의 분량입니다. 숫자 2개는 2배를 계량하세요. 반죽이 오븐에 다 들어가지 않으면 숫자 하나 분량씩 구워주세요.

> **POINT**
> 토핑은 예시일 뿐입니다. 재료를 구하기 어렵거나 잊어버렸을 때는 다른 토핑으로 써도 됩니다.

étape 1

사전 준비

시트와 크림 만들기

◎ **스펀지 시트를 만들어 원하는 숫자 모양으로 2장 잘라내기**
  → P58

• 이 책에서는 '스펀지 시트', '사브레 시트', '머랭 시트' 등 각각 식감이 다른 3종류의 시트를 사용합니다. 자세한 만드는 방법은 P58~63을 참고하세요. 레시피에 따라 맛과 향을 추가하고 있습니다. 스펀지 시트와 사브레 시트는 서로 대체할 수 있으니 원하는 시트로 만들어보세요.

• 시트를 구운 후 P56~57 사이에 있는 종이 패턴을 이용해 원하는 숫자 모양으로 만듭니다. 어떤 숫자라도 1개 시트에서 2장의 숫자 모양(잘라낸 2장의 숫자 모양은 겹쳐서 숫자 하나로 만드니 같은 숫자 모양으로 잘라주세요)을 잘라낼 수 있습니다. 자세한 만드는 방법은 P57을 참고하세요.

◎ **마스카르포네 크림 만들기** → P54

• 이 책에서는 '마스카르포네 크림', '커스터드 크림', '버터 치즈 크림' 등 각각 풍미가 다른 3종류의 크림을 사용합니다. 크림에는 젤라틴을 넣어 쉽게 무너지지 않으므로 2장의 시트를 겹치기 쉽습니다. 자세한 만드는 방법은 P54~56을 참고하세요. 레시피에 따라 맛과 향을 추가하고 있습니다. 크림은 서로 대체할 수 있으니 원하는 크림으로 만들어보세요.

◎ **토핑 손질하기**

• 토핑에 사용할 과일은 미리 손질해둡니다. 라즈베리는 데코 스노우를 찍어줍니다. 딸기 2개는 세로로 반을 자르고, 남은 딸기는 1cm로 깍둑썰기합니다.

étape 2

시트에 크림 올리기

1. 접시에 스펀지 시트를 1장 올린 뒤 원형 깍지를 끼운 짤주머니에 마스카르포네 크림을 넣는다. 그리고 높이 1.5cm 정도의 물방울 모양 크림으로 시트 표면을 채운 뒤 냉장고에 넣어 크림이 굳을 때까지 10분 정도 차갑게 보관한다.

- 접시는 크고 평평한 것이 좋습니다. 크림은 바깥 부분부터 채워야 작업하기 수월합니다.
- 일단 냉장고에 넣어 차갑게 보관해야 단단해져서 시트를 올리기 쉽습니다.

2. 냉장고에서 꺼낸 후 남은 1장의 스펀지 시트를 마저 올려주고 1과 동일하게 크림을 짠다.

- 윗부분에 시트를 가볍게 올린 후 살짝 누르면 고정됩니다.
- 아랫부분 시트와 동일하게 크림을 짜주기만 하면 됩니다.

짤주머니 사용 방법

① 짤주머니 앞부분을 2~3cm 정도 자른다.
② 깍지를 짤주머니 속으로 넣어 자른 앞부분까지 밀어준다. 그리고 깍지 안으로 짤주머니를 밀어 넣어서 앞부분을 막아준다.
③ 손으로 짤주머니를 잡고, 입구 부분을 3분의 1 정도 손을 감싸주듯이 바깥으로 접는다. 그리고 그 모양 그대로 빼내 컵에 세운다.
④ 크림을 넣은 후 스크레이퍼로 크림을 앞쪽으로 모아준다.
⑤ 입구 부분으로 크림이 새어 나오지 않도록 짤주머니를 꼬아서 한 손으로 잡는다. 다른 한 손으로는 깍지 부분을 잡고 크림을 짠다.

짤주머니는 일회용이 저렴하고 위생적으로도 좋다. 깍지의 경우 이 책에서는 주로 직경 1cm의 원형 깍지를 사용한다. 별 모양 깍지를 이용해도 OK.

étape 3

토핑 올리기

◎ 색깔 밸런스를 맞춰가며 토핑 올리기

- 과일은 크림 사이사이에 끼워 넣는 것처럼 올리면 예쁘게 보입니다.

- 마카롱은 시판용을 쓰고, 크기가 큰 토핑은 3개 정도 홀수로 올리는 것이 밸런스가 좋습니다.

Sommaire

이 책을 보는 법

● 재료는 기본적으로 넘버케이크 숫자 하나의 분량이고, 제일 면적이 큰 '8'에 맞추었습니다. 숫자 2개 분량은 2배를 계량하세요. 반죽이 오븐에 다 들어가지 않으면 2회에 걸쳐 구워주세요.

● 시트를 숫자 모양으로 잘라낼 때는 P56~57 사이에 있는 종이 패턴을 뜯어내 사용하세요.

● 무염 버터를 사용합니다. 재료와 도구에 대해서는 P52~53을 참고하세요.

● '상온'은 약 18℃를 나타냅니다.

● 전기 컨벡션 오븐을 사용합니다. 굽는 온도와 시간은 기종에 따라 다르므로 상태를 보며 구워주세요. 오븐의 화력이 약할 때는 온도를 약 10℃ 올립니다.

● 전자레인지는 600W이며 냄비는 스테인리스 제품을 사용합니다.

● 1Ts은 15ml, 1ts은 5ml입니다.

Tarte au Citron

레몬 타르트 스타일

4

재료 (숫자 하나 분량)

● 사브레 시트
버터 120g
바닐라 에센스 5방울(1g)
소금 한 꼬집
슈가 파우더 85g
달걀 ½개(25g)
아몬드 파우더 35g
박력분 200g

● 커스터드 크림
달걀노른자 3개(60g)
설탕 65g+10g
A 박력분 15g
옥수수 전분 15g
우유 300g
바닐라 에센스 10방울(2g)
레몬 즙 45g(레몬 2개 분량)
강판에 간 레몬 껍질(레몬 1개 분량)
분말 젤라틴 4g
냉수 20g
생크림 150g

● 토핑
레몬 마리네
레몬 과육(레몬 1개 분량)
슈가 파우더 20g
라임 적당량
머랭 쿠키 적당량
민트 잎 적당량
팬지(식용) 적당량

사전 준비

◎ 사브레 반죽을 원하는 숫자 모양으로 2장 잘라내 오븐에 굽는다(→P60).

◎ 남은 반죽으로 크고 작은 크기의 원형 모양 쿠키를 만든다. 8개 정도 만들어 숫자 모양과 함께 오븐에 12분 정도 굽다가 먼저 꺼낸다.

◎ 커스터드 크림을 만든다(→P55). 만드는 방법 중, 과정 **5** 후에 레몬 즙과 레몬 껍질을 넣고 잘 섞는다.

◎ 레몬 마리네 만들기. 볼에 잘게 썬 레몬 과육을 넣고, 슈가 파우더를 체에 쳐서 넣는다. 스푼으로 가볍게 섞은 뒤 슈가 파우더가 녹을 때까지 냉장고에 보관한다.

◎ 커스터드 크림을 만들고 남은 달걀흰자로 머랭 쿠키를 만든다(→P62).

◎ 라임은 얇게 자른 후 은행잎 썰기를 한다.

만들기

1. 접시에 사브레 시트를 1장 올린 뒤 원형 깍지를 끼운 짤주머니에 커스터드 크림을 넣는다. 그리고 높이 1.5cm 정도의 물방울 모양 크림으로 시트 표면을 채운 뒤 냉장고에 넣어 크림이 굳을 때까지 10분 정도 차갑게 보관한다.

2. 냉장고에서 꺼낸 후 남은 1장의 사브레 시트를 마저 올려주고 1과 동일하게 크림을 짠다. 원형 모양 쿠키와 토핑을 사용해 색깔 밸런스를 맞춰가며 데커레이션한다.

NOTE

• 상큼한 단맛이 강한 레몬 타르트 스타일의 넘버 케이크.
• 머랭 쿠키 만드는 방법은 P62 참고. 시판용으로 대체해도 좋습니다.
• 레몬은 모두 3개가 필요합니다. 2개는 과즙을 짠 후 이 중 1개의 껍질을 강판에 갑니다. 나머지 1개는 과육을 빼내 토핑용 레몬 마리네를 만듭니다. 사용하기 전 껍질을 깨끗이 닦아주세요.

Fleur de Cerisier

벚꽃

재료 (숫자 하나 분량)

● **사브레 시트**
버터 120g
바닐라 에센스 5방울(1g)
소금 한 꼬집
슈가 파우더 85g
달걀 ½개(25g)
아몬드 파우더 35g
박력분 190g
말차 파우더 10g

● **마스카르포네 크림**
생크림 100g+100g
분말 젤라틴 3g
냉수 15g
슈가 파우더 35g
바닐라 에센스 10방울(2g)
마스카르포네 200g
벚꽃 앙금 ⓐ 100g

● **토핑**
벚꽃 소금 절임 ⓑ 3개
머랭 쿠키 적당량
마카롱(핑크) 3개

사전 준비
◎ 사브레 반죽을 원하는 숫자 모양으로 2장 잘라내 오븐에 굽는다(→P60).
박력분은 말차 파우더와 함께 체에 친다.
◎ 남은 반죽으로 벚꽃 모양 쿠키를 만든다. 5개 정도 만들어 숫자 모양과 함께 오
븐에 12분 정도 굽다가 먼저 꺼낸다.
◎ 마스카르포네 크림을 만든다(→P54). 만드는 방법 중, 과정 3에서 마스카르포네
에 벚꽃 앙금도 함께 넣어 섞는다.
◎ 머랭 쿠키를 만든다(→P62).
◎ 벚꽃 소금 절임은 물에 30분 정도 담가 소금기를 뺀 후 페이퍼 타월로 물기를 잘
닦는다.

만들기
1. 접시에 사브레 시트를 1장 올린 뒤 원형 깍지를 끼운 짤주머니에 마스카르포네
크림을 넣는다. 그리고 높이 1.5cm 정도의 물방울 모양 크림으로 시트 표면을
채운 뒤 냉장고에 넣어 크림이 굳을 때까지 10분 정도 차갑게 보관한다.
2. 냉장고에서 꺼낸 후 남은 1장의 사브레 시트를 마저 올려주고 1과 동일하게 크
림을 짠다. 벚꽃 모양 쿠키와 토핑을 사용해 색깔 밸런스를 맞춰가며 데커레이
션한다.

NOTE
• 반죽은 말차, 크림은 벚꽃 앙금을 이용한 일본 스타일의 넘버 케이크.
• 머랭 쿠키를 만드는 방법은 P62 참고. 시판용으로 대체해도 좋습니다.

ⓐ ⓑ

Abricot

살구

재료 (숫자 하나 분량)

● **사브레 시트**
  버터 120g
  바닐라 에센스 5방울(1g)
  소금 한 꼬집
  슈가 파우더 85g
  달걀 ½개(25g)
  아몬드 파우더 35g
  박력분 200g

● **마스카르포네 크림**
  생크림 100g+100g
  ┌ 분말 젤라틴 3g
  └ 냉수 15g
  제과용 화이트 초콜릿 65g
  슈가 파우더 35g
  바닐라 에센스 10방울(2g)
  마스카르포네 200g

● **토핑**
  살구(통조림, 반쪽) 5조각
  피스타치오(로스트, 분태) 적당량
  로즈메리 적당량
  팬지(식용) 적당량

사전 준비

◎ 사브레 반죽을 원하는 숫자 모양으로 2장 잘라내 오븐에 굽는다(→P60).
◎ 마스카르포네 크림을 만든다(→P54). 만드는 방법 중, 과정 **1**후에 화이트 초콜릿을 내열 용기에 넣어 랩을 씌운 뒤 완전히 녹을 때까지 전자레인지에 30초 정도 가열한다. 그리고 **1**의 냄비에 넣어 잘 섞는다.
◎ 살구는 페이퍼 타월로 물기를 잘 닦은 후 4등분으로 길게 자른다.

만들기

1. 접시에 사브레 시트를 1장 올린 뒤 원형 깍지를 끼운 짤주머니에 마스카르포네 크림을 넣는다. 그리고 높이 1.5cm 정도의 물방울 모양 크림으로 시트 표면을 채운 뒤 냉장고에 넣어 크림이 굳을 때까지 10분 정도 차갑게 보관한다.

2. 냉장고에서 꺼낸 후 남은 1장의 사브레 시트를 마저 올려주고 **1**과 동일하게 크림을 짠다. 토핑을 사용해 색깔 밸런스를 맞춰가며 데커레이션한다.

NOTE

• 살구 통조림으로 쉽게 만들 수 있는 넘버 케이크.
• 토핑으로 사용할 피스타치오를 잘게 부술 때는 페이퍼 타월로 감싼 뒤 나무 밀대로 가볍게 내리치면 됩니다.
• 토핑으로 드라이 살구를 올려도 괜찮습니다. 오렌지 주스에 담갔다가 사용하면 더욱 좋습니다.

a b

Rose Framboise

장미와 라즈베리

10

재료 (숫자 하나 분량)

● 스펀지 시트
달걀 3개(150g)

설탕 90g

박력분 90g

A 버터 20g

　우유 20g

● 커스터드 크림
달걀노른자 3개(60g)

설탕 65g+10g

A 박력분 15g

　옥수수 전분 15g

우유 300g

바닐라 에센스 10방울(2g)

장미 시럽 75g

　분말 젤라틴 4g

　냉수 20g

생크림 150g

● 토핑
라즈베리 20개

데코 스노우 적당량

민트 잎 적당량

미니 장미(식용) 5개

라즈베리 잼 적당량

사전 준비
◎ 스펀지 시트를 만들어(→P58) 원하는 숫자 모양으로 2장 잘라낸다.

◎ 커스터드 크림을 만든다(→P55). 만드는 방법 중, 과정 5후에 장미 시럽을 넣어 잘 섞는다.

◎ 라즈베리 14~15개는 세로로 반을 자른다. 남은 라즈베리는 윗부분에 데코 스노우를 묻힌다 ⓐ.

만들기
1. 접시에 스펀지 시트를 1장 올린 뒤 원형 깍지를 끼운 짤주머니에 커스터드 크림을 넣는다. 그리고 높이 1.5cm 정도의 물방울 모양 크림으로 시트 표면을 채운다. 반으로 자른 라즈베리를 반 정도 크림 사이사이에 올리고, 스푼으로 잼도 함께 뿌린 뒤 냉장고에 넣어 크림이 굳을 때까지 10분 정도 차갑게 보관한다.

2. 냉장고에서 꺼낸 후 남은 1장의 스펀지 시트를 마저 올려주고 1과 동일하게 크림을 짠다. 남은 라즈베리와 미니 장미, 민트 잎을 사용해 색깔 밸런스를 맞춰가며 데커레이션한다.

NOTE
• 장미를 이용한 화려한 케이크로 식용 장미는 슈퍼나 인터넷에서 구입할 수 있습니다.

• 장미 시럽은 장미의 에센스로 만든 달콤한 액체로 제과 재료 판매점에서 구입할 수 있습니다 ⓑ.

• '데코 스노우'는 데커레이션용 슈가 파우더로 물이 묻어도 녹지 않고 하얗게 남아 있습니다.

• 핑크색의 마카롱과 딸기 등을 사용해 데커레이션해도 좋습니다.

ⓐ

ⓑ

Pêche melba

피치 멜바 스타일

20

재료 (숫자 하나 분량)

● **스펀지 시트**
　달걀 3개(150g)
　설탕 90g
　박력분 90g
　A | 버터 20g
　　　| 우유 20g

● **마스카르포네 크림**
　생크림 100g+100g
　| 분말 젤라틴 3g
　| 냉수 15g
　슈가 파우더 35g
　바닐라 에센스 10방울(2g)
　마스카르포네 200g
　라즈베리 잼 50g

● **토핑**
　복숭아(통조림) 100g
　| 라즈베리 7개
　| 라즈베리 잼 20g
　아몬드 슬라이스(로스트) 적당량

사전 준비

◎ 스펀지 시트를 만들어(→P58) 원하는 숫자 모양으로 2장 잘라낸다.

◎ 마스카르포네 크림을 만든다(→P54). 만드는 방법 중, 과정 **3**에서 마스카르포네에 라즈베리 잼도 함께 넣어 섞는다.

◎ 복숭아는 페이퍼 타월로 물기를 잘 닦은 후 1cm로 깍둑썰기한다.

◎ 짤주머니에 라즈베리 잼을 넣는다. 짤주머니의 앞부분 2~3cm를 잘라낸 뒤 라즈베리 3~4개의 구멍에 잼을 짜 넣는다 . 남은 라즈베리는 세로로 반을 자른다.

만들기

1. 접시에 스펀지 시트를 1장 올린 뒤 원형 깍지를 끼운 짤주머니에 마스카르포네 크림을 넣는다. 그리고 높이 1.5cm 정도의 물방울 모양 크림으로 시트 표면을 채운 뒤 냉장고에 넣어 크림이 굳을 때까지 10분 정도 차갑게 보관한다.

2. 냉장고에서 꺼낸 후 남은 1장의 스펀지 시트를 마저 올려주고 **1**과 동일하게 크림을 짠다. 토핑을 사용해 색깔 밸런스를 맞춰가며 데커레이션한다.

NOTE

• 영국 과자인 피치 멜바 스타일의 넘버 케이크는 복숭아 통조림으로 쉽게 만들 수 있습니다.
• 라즈베리에 잼을 채울 때는 짤주머니 대신 스푼을 이용해도 됩니다.

a

Banane Chocolat

초코 바나나

80

재료 (숫자 하나 분량)

● **스펀지 시트**
달걀 3개(150g)
설탕 90g
박력분 80g
코코아 파우더(무당) 10g
A 버터 20g
우유 20g

● **커스터드 크림**
달걀노른자 3개(60g)
설탕 65g+10g
A 박력분 15g
옥수수 전분 15g
우유 300g
바닐라 에센스 10방울(2g)
분말 젤라틴 4g
냉수 20g
생크림 150g
캐러멜 소스
생크림 100g
설탕 100g
소금 한 꼬집
버터 10g

● **토핑**
바나나 1개
레몬 즙 1Ts
민트 잎 적당량
초콜릿 과자 2~3종류 적당량
마시멜로 적당량

사전 준비

◎ 스펀지 시트를 만들어(→P58) 원하는 숫자 모양으로 2장 잘라낸다.
  사전 준비 시 박력분은 코코아 파우더와 함께 체에 친다.
◎ 커스터드 크림의 캐러멜 소스 만들기.
  ① 내열 용기에 생크림을 넣고 전자레인지에 30초 정도 가열한다.
  ② 냄비에 설탕과 소금을 넣고 중불에서 가열한다. 냄비를 살살 흔들어주면서 설탕을 녹인다. 연한 갈색이 되면 불을 끈다.
  ③ ①의 생크림을 ②에 3회에 걸쳐 넣어주면서 거품기로 잘 섞는다.
  ④ 버터를 넣고 섞는다. 완전히 녹으면 내열 용기에 옮겨 담아 식힌다.
◎ 커스터드 크림을 만든다(→P55). 만드는 방법 중, 과정 **5** 후에 캐러멜 소스(100g)를 넣고 잘 섞는다.
◎ 바나나는 1cm 두께로 어슷썰기하고 레몬 즙을 뿌린다.

만들기

1. 접시에 스펀지 시트를 1장 올린 뒤 원형 깍지를 끼운 짤주머니에 커스터드 크림을 넣는다. 그리고 높이 1.5cm 정도의 물방울 모양 크림으로 시트 표면을 채운 뒤 냉장고에 넣어 크림이 굳을 때까지 10분 정도 차갑게 보관한다.

2. 냉장고에서 꺼낸 후 남은 1장의 스펀지 시트를 마저 올려주고 **1**과 동일하게 크림을 짠다. 스푼으로 크림 사이사이에 캐러멜 소스(50g)를 뿌리고, 토핑을 사용해 색깔 밸런스를 맞춰가며 데커레이션한다.

NOTE

• 특히 어린이가 좋아할 만한 조합으로, 먹으면 든든하기까지 합니다.
• 코코아 파우더가 들어간 스펀지 반죽은 많이 섞으면 거품이 꺼지니 주의하세요.

Exotique

망고와 파인애플

39

재료 (숫자 하나 분량)

● **사브레 시트**
버터 120g
바닐라 에센스 5방울(1g)
소금 한 꼬집
슈가 파우더 85g
달걀 ½개(25g)
아몬드 파우더 35g
박력분 200g

● **버터 치즈 크림**
크림 치즈 300g
버터 90g
슈가 파우더 90g
바닐라 에센스 10방울(2g)

● **토핑**
키위 ½개
망고 ½개
파인애플 적당량
패션 프루트 ½개
민트 잎 적당량
마카롱(바닐라) 2~3개
마리골드(식용) 1~2개

사전 준비

◎ 사브레 반죽을 원하는 숫자 모양으로 2장 잘라내 오븐에 굽는다(→P60).
◎ 버터 치즈 크림을 만든다(→P56).
◎ 키위와 파인애플은 두께 3mm로 은행잎 썰기를 한다. 망고는 1cm로 깍둑썰기
   하고, 패션 프루트는 안의 과육을 파낸다.

만들기

1. 접시에 사브레 시트를 1장 올린 뒤 별 모양 깍지를 끼운 짤주머니에 버터 치즈
   크림을 넣는다. 그리고 높이 1.5cm 정도의 물방울 모양 크림으로 시트 표면을
   채운 뒤 냉장고에 넣어 크림이 굳을 때까지 10분 정도 차갑게 보관한다.

2. 냉장고에서 꺼낸 후 남은 1장의 사브레 시트를 마저 올려주고 1과 동일하게 크
   림을 짠다. 토핑을 사용해 색깔 밸런스를 맞춰가며 데커레이션한다.

NOTE

• 트로피컬의 화려한 색감과 달콤하고 상큼한 토핑이 돋보이는 케이크로 과일은 열대 과일 중 좋아하
  는 것을 사용하면 됩니다.

Poire Belle Hélène

서양배

7

재료 (숫자 하나 분량)

● 사브레 시트
버터 120g
바닐라 에센스 5방울(1g)
소금 한 꼬집
슈가 파우더 85g
달걀 ½개(25g)
아몬드 파우더 35g
박력분 180g
코코아 파우더(무당) 20g

● 커스터드 크림
달걀노른자 3개(60g)
설탕 65g+10g
A 박력분 15g
옥수수 전분 15g
우유 300g
바닐라 에센스 10방울(2g)
분말 젤라틴 4g
냉수 20g
생크림 150g

● 토핑
서양배(통조림) 100g
헤이즐넛(로스트) 적당량
초콜릿 과자 2~3종류 적당량

사전 준비
◎ 사브레 반죽을 원하는 숫자 모양으로 2장 잘라내 오븐에 굽는다(→P60).
사전 준비 시 박력분은 코코아 파우더와 함께 체에 친다.
◎ 커스터드 크림을 만든다(→P55).
◎ 서양배는 페이퍼 타월로 물기를 잘 닦은 후 세로 3mm 두께로 길게 자른다.
◎ 헤이즐넛은 잘게 부순다.

만들기
1. 접시에 사브레 시트를 1장 올린 뒤 원형 깍지를 끼운 짤주머니에 커스터드 크림을 넣는다. 그리고 높이 1.5cm 정도의 물방울 모양 크림으로 시트 표면을 채운 뒤 냉장고에 넣어 크림이 굳을 때까지 10분 정도 차갑게 보관한다.

2. 냉장고에서 꺼낸 후 남은 1장의 사브레 시트를 마저 올려주고 1과 동일하게 크림을 짠다. 토핑을 사용해 색깔 밸런스를 맞춰가며 데커레이션한다.

NOTE
• 벨 엘렌(belle hélène)이라고 하는 서양배를 사용한 과자 스타일의 넘버 케이크. 벨 엘렌은 초콜릿이 필수입니다.

Mont-Blanc

몽블랑 스타일

재료 (숫자 하나 분량)

● **머랭 시트**
달걀흰자 1개(30g)
설탕 25g
A   설탕 30g
      옥수수 전분 3g

● **마스카르포네 크림**
생크림 100g
슈가 파우더 15g
바닐라 에센스 5방울(1g)
마스카르포네 100g

● **버터 마롱 크림**
마롱 크림 ⓐ 100g
버터 100g
슈가 파우더 10g
럼주 5g
소금 한 꼬집

● **토핑**
블루베리 6~7개
마롱 글라세 3개
초콜릿 과자 적당량
팬지(식용) 적당량

사전 준비

◎ 머랭 반죽을 원하는 숫자 모양 도안 위에 짜준 뒤 오븐에 굽는다(→P62).
이 레시피에서는 머랭 시트를 겹쳐서 만들지 않으므로 1장만 만든다. 남은 머랭
반죽은 길이 10cm 정도의 막대 모양으로 2~3개 만들어 숫자 모양과 함께 오븐
에 굽는다.

◎ 마스카르포네 크림을 만든다(→P54). 시트를 1장만 사용하므로 분말 젤라틴과
냉수는 필요 없다. 만드는 방법도 과정 1은 생략하고 과정 2에서 볼에 생크림을
모두 넣는다.

◎ 버터 마롱 크림 만들기. 볼에 마롱 크림을 넣고 거품기로 부드럽게 푼다. 상온 상
태의 버터와 슈가 파우더, 럼주, 소금을 넣고 섞는다.

◎ 마롱 글라세는 굵게 썬다.

만들기

1. 접시에 머랭 시트를 올린 뒤 원형 깍지를 끼운 짤주머니에 마스카르포네 크림
을 넣는다. 그리고 시트 바깥쪽 테두리에 높이 1.5cm 정도의 물방울 모양 크림
을 짠다.

2. 별 모양 깍지를 끼운 짤주머니에 버터 마롱 크림을 넣고 시트 안쪽에 높이
1.5cm 정도의 별 모양 크림을 짜주며 표면을 채운다 ⓑ.

3. 함께 구운 막대 모양의 머랭과 토핑을 사용해 색깔 밸런스를 맞춰가며 데커레
이션한다.

NOTE

• 가을을 생각나게 하는 몽블랑 스타일의 넘버 케이크로 2종류의 크림을 사용한 고급스러운 케이크입
니다.

• 머랭 케이크는 숫자 시트를 겹치지 않고 1겹만 사용합니다. 머랭이 눅눅해지기 전에 먹습니다.

ⓐ   ⓑ

Tarte Tatin

타르트 타탱 스타일

재료 (숫자 하나 분량)

● **사브레 시트**
버터 120g
바닐라 에센스 5방울(1g)
소금 한 꼬집
슈가 파우더 85g
달걀 ½개(25g)
아몬드 파우더 35g

캐러멜 소스
생크림 100g
설탕 100g
소금 한 꼬집
버터 10g
박력분 200g

● **버터 치즈 크림**
크림 치즈 300g
버터 90g
슈가 파우더 90g
바닐라 에센스 10방울(2g)

● **토핑**
사과 장미(5개)
사과 1개
설탕 35g
레몬 즙 1Ts
라즈베리 3~5개
데코 스노우 적당량
아몬드 슬라이스(로스트) 적당량
스프링클(별 모양) 적당량

사전 준비

◎ 사브레 반죽의 캐러멜 소스를 만든다(→P18).
◎ 사브레 반죽을 원하는 숫자 모양으로 2장 잘라내 오븐에 굽는다(→P60).
  만드는 방법 중, 과정 **3** 후에 캐러멜 소스(40g)를 넣고 잘 섞는다.
◎ 남은 반죽으로 나뭇잎 모양 쿠키를 만든다. 3개 정도 만들어 숫자 모양과 함께
  오븐에 12분 정도 굽다가 먼저 꺼낸다.
◎ 버터 치즈 크림을 만든다(→P56).
◎ 사과 장미 만들기.
  ① 사과는 잘 씻어 껍질째 4등분한다. 씨를 발라내고 2mm로 얇게 슬라이스한다 ⓐ.
  ② 내열 용기에 ①, 설탕, 레몬 즙을 넣고 잘 섞는다. 랩을 씌우고 사과가 부드러워질 때까지 전자레
    인지에 약 2분 정도 가열한다. 과즙은 버리고, 냉장고에 넣어 식혀준다.
  ③ ②의 1조각을 말아 꽃 심을 만든다. 그리고 1개씩 심 주변을 감싸듯이 붙인다 ⓑ. 이 과정을 4~5
    번 반복한 뒤 ⓒ, 이쑤시개로 모양을 잡아준다 ⓓ.
◎ 라즈베리는 윗부분에 데코 스노우를 묻힌다.

만들기

1. 접시에 사브레 시트를 1장 올린 뒤 원형 깍지를 끼운 짤주머니에 버터 치즈 크
   림을 넣는다. 그리고 높이 1.5cm 정도의 물방울 모양 크림으로 시트 표면을 채
   운 뒤 냉장고에 넣어 크림이 굳을 때까지 10분 정도 차갑게 보관한다.

2. 냉장고에서 꺼낸 후 남은 1장의 사브레 시트를 마저 올려주고 1과 동일하게 크
   림을 짠다. 나뭇잎 모양의 쿠키와 토핑을 사용해 색깔 밸런스를 맞춰가며 데커
   레이션한다.

NOTE
• 사과 타르트인 타르트 타탱 스타일의 넘버 케이크.
• 남은 캐러멜 소스를 함께 곁들여도 맛있습니다.

ⓐ　ⓑ　ⓒ　ⓓ

Forêt Noire

체리와 초콜릿

5

재료 (숫자 하나 분량)

● **스펀지 시트**
달걀 3개(150g)
설탕 90g
박력분 80g
코코아 파우더(무당) 10g
A | 버터 20g
우유 20g

● **마스카르포네 크림**
생크림 100g+100g
분말 젤라틴 3g
냉수 15g
슈가 파우더 35g
바닐라 에센스 10방울(2g)
마스카르포네 200g

● **토핑**
체리(통조림) 30개
초콜릿 과자 2~3종류 적당량
판 초콜릿 적당량

사전 준비

◎ 스펀지 시트를 만들어(→P58) 원하는 숫자 모양으로 2장 잘라낸다.
사전 준비 시 박력분은 코코아 파우더와 함께 체에 친다.
◎ 마스카르포네 크림을 만든다(→P54).
◎ 체리는 페이퍼 타월로 물기를 잘 닦는다.
◎ 판 초콜릿은 강판에 갈아 알맞은 크기의 가루로 만든다.

만들기

1. 접시에 스펀지 시트를 1장 올린 뒤 원형 깍지를 끼운 짤주머니에 마스카르포네 크림을 넣는다. 그리고 높이 1.5cm 정도의 물방울 모양 크림으로 시트 표면을 채운다. 체리의 절반 정도는 크림 사이사이에 올린다 냉장고에 넣어 크림이 굳을 때까지 10분 정도 차갑게 보관한다.

2. 냉장고에서 꺼낸 후 남은 1장의 스펀지 시트를 마저 올려주고 1과 동일하게 크림을 짠다. 토핑을 사용해 색깔 밸런스를 맞춰가며 데커레이션한다.

NOTE

• 체리와 초콜릿이 들어간 포레누아 스타일의 넘버 케이크. 프랑스어로 '검은 숲'이라는 의미입니다.
• 코코아 파우더가 들어간 스펀지 반죽은 많이 섞으면 거품이 꺼지니 주의하세요.

ⓐ

100% Chocolat

100% 초콜릿

재료 (숫자 하나 분량)

● **사브레 시트**
버터 120g
바닐라 에센스 5방울(1g)
소금 한 꼬집
슈가 파우더 85g
달걀 ½개(25g)
아몬드 파우더 35g
│ 박력분 180g
│ 코코아 파우더(무당) 20g

● **커스터드 크림**
달걀노른자 3개(60g)
설탕 65g+10g
A │ 박력분 15g
│ 옥수수 전분 15g
우유 300g
바닐라 에센스 10방울(2g)
제과용 초콜릿(카카오 56%) 50g
│ 분말 젤라틴 4g
│ 냉수 20g
생크림 150g

● **토핑**
초콜릿 과자 5~6종류 적당량
마카롱(초코) 2~3개

사전 준비

◎ 사브레 반죽을 원하는 숫자 모양으로 2장 잘라내 오븐에 굽는다(→P60).
사전 준비 시 박력분은 코코아 파우더와 함께 체에 친다.
◎ 커스터드 크림을 만든다(→P55). 만드는 방법 중, 과정 **5** 후에 초콜릿을 내열 용기에 넣어 랩을 씌우고 완전히 녹을 때까지 전자레인지에 30초 정도 가열한다. 그리고 **5**의 볼에 넣어 잘 섞는다.

만들기

1. 접시에 사브레 시트를 1장 올린 뒤 원형 깍지를 끼운 짤주머니에 커스터드 크림을 넣는다. 그리고 높이 1.5cm 정도의 물방울 모양 크림으로 시트 표면을 채운 뒤 냉장고에 넣어 크림이 굳을 때까지 10분 정도 차갑게 보관한다.

2. 냉장고에서 꺼낸 후 남은 1장의 사브레 시트를 마저 올려주고 **1**과 동일하게 크림을 짠다. 토핑을 사용해 색깔 밸런스를 맞춰가며 데커레이션한다.

NOTE

• 반죽, 크림, 토핑 모든 곳에 초콜릿을 사용하기 때문에 초콜릿을 좋아하는 사람에게 안성맞춤인 케이크입니다.
• 제과용 초콜릿은 커버추어 초콜릿의 스위트 타입을 사용하며, 밀크 초콜릿이 아닌 쌉싸름한 맛의 다크 초콜릿이 좋습니다.

Caramel Beurre Salé

캐러멜

18

재료 (숫자 하나 분량)

● **사브레 시트**

버터 120g

바닐라 에센스 5방울(1g)

소금 한 꼬집

슈가 파우더 85g

캐러멜 소스

생크림 100g

설탕 100g

소금 한 꼬집

버터 10g

달걀 ½개(25g)

아몬드 파우더 35g

박력분 200g

● **버터 치즈 크림**

크림 치즈 300g

버터 90g

슈가 파우더 90g

바닐라 에센스 10방울(2g)

● **토핑**

무화과 1개

마카롱(캐러멜) 1~2개

사전 준비

◎ 사브레 반죽의 캐러멜 소스 만들기.

　① 내열 용기에 생크림을 넣고 전자레인지에 30초 정도 가열한다.

　② 냄비에 설탕과 소금을 넣고 중불에서 가열한다. 냄비를 살살 흔들어주면서 설탕을 녹인다. 연한 갈색이 되면 불을 끈다 **ⓐ**

　③ ①의 생크림을 ②에 3회에 걸쳐 넣어주면서 거품기로 잘 섞는다.

　④ 버터를 넣고 섞는다. 완전히 녹았으면 내열 용기에 옮겨 담아 식힌다.

◎ 사브레 반죽을 원하는 숫자 모양으로 2장 잘라내 오븐에 굽는다(→P60). 만드는 방법 중, 과정 3 후에 캐러멜 소스(40g)를 넣고 잘 섞는다.

◎ 남은 반죽으로 별 모양 쿠키를 만든다. 2~3개 정도 만들어 숫자 모양과 함께 오븐에 12분 정도 굽다가 먼저 꺼낸다.

◎ 버터 치즈 크림을 만든다(→P56). 만드는 과정 중, 사브레 반죽에서 남은 캐러멜 소스(75g)도 함께 넣어 섞는다.

◎ 무화과는 세로 16등분으로 길게 자른다.

만들기

1. 접시에 사브레 시트를 1장 올린 뒤 원형 깍지를 끼운 짤주머니에 버터 치즈 크림을 넣는다. 그리고 높이 1.5cm 정도의 물방울 모양 크림으로 시트 표면을 채운 뒤 냉장고에 넣어 크림이 굳을 때까지 10분 정도 차갑게 보관한다.

2. 냉장고에서 꺼낸 후 남은 1장의 사브레 시트를 마저 올려주고 1과 동일하게 크림을 짠다. 스푼으로 크림 사이사이에 캐러멜 소스를 뿌려주고, 별 모양의 쿠키와 토핑을 사용해 색깔 밸런스를 맞춰가며 데커레이션한다.

NOTE

• 한번 맛보면 멈출 수 없는 환상적인 캐러멜 소스입니다.

• 반죽에 쓰이는 캐러멜 소스는 크림과 토핑에도 사용하니 양 조절에 주의하세요.

ⓐ

Café
커피

재료 (숫자 하나 분량)

- **스펀지 시트**
  달걀 3개(150g)
  설탕 90g
  박력분 90g
  A │ 버터 20g
  │ 우유 20g
  │ 인스턴트커피 6g
- **마스카르포네 크림**
  생크림 100g+100g
  │ 분말 젤라틴 3g
  │ 냉수 15g
  인스턴트커피 7g
  슈가 파우더 35g
  바닐라 에센스 10방울(2g)
  마스카르포네 200g
- **토핑**
  아몬드 슬라이스(로스트) 적당량
  초콜릿 과자 2~3종류 적당량

사전 준비

◎ 스펀지 시트를 만들어(→P58) 원하는 숫자 모양으로 2장 잘라낸다.
  사전 준비 시 인스턴트커피를 **A**에 넣는다.

◎ 마스카르포네 크림을 만든다(→P54). 만드는 방법 중, **1**에 젤라틴과 함께 인스턴
  트커피를 넣어 섞는다.

만들기

1. 접시에 스펀지 시트를 1장 올린 뒤 별 모양 깍지를 끼운 짤주머니에 마스카르포
   네 크림을 넣는다. 그리고 높이 1.5cm 정도의 물방울 모양 크림으로 시트 표면
   을 채운 뒤 냉장고에 넣어 크림이 굳을 때까지 10분 정도 차갑게 보관한다.

2. 냉장고에서 꺼낸 후 남은 1장의 스펀지 시트를 마저 올려주고, 그 위에 작은 원
   을 그리듯이 마스카르포네 크림을 짜며 시트를 채운다. 토핑을 사용해 색깔 밸
   런스를 맞춰가며 데커레이션한다.

NOTE

- 어른이 좋아할 만한 커피의 쓴맛을 살린 넘버 케이크. 커피는 쓴맛이 강한 인스턴트 커피를 사용했습
  니다. 상품에 따라 쓴맛이 다르니 조절하세요.
- 이 레시피에서는 별 모양 깍지를 사용했지만 원형 등 다른 모양의 깍지를 사용해도 됩니다.

Matcha

말차

재료 (숫자 하나 분량)

● 스펀지 시트
달걀 3개(150g)

설탕 90g

박력분 85g

말차 파우더 5g

A 버터 20g

우유 20g

● 커스터드 크림
달걀노른자 3개(60g)

설탕 65g+10g

A 박력분 15g

옥수수 전분 15g

말차 파우더 4g

우유 300g

바닐라 에센스 10방울(2g)

분말 젤라틴 4g

냉수 20g

생크림 150g

● 토핑
라즈베리 4~5개

데코 스노우 적당량

마카롱(녹차) 2~3개

녹차 맛 과자 3~5개

초콜릿 과자 적당량

사전 준비

◎ 스펀지 시트를 만들어(→P58) 원하는 숫자 모양으로 2장 잘라낸다.
   사전 준비 시 박력분은 말차 파우더와 함께 체에 친다.

◎ 커스터드 크림을 만든다(→P55). 이 과정에서 말차 파우더를 A에 섞는다.

◎ 라즈베리 2~3개는 세로로 반을 자른다. 남은 라즈베리는 윗부분에 데코 스노우
   를 묻힌다.

만들기

1. 접시에 스펀지 시트를 1장 올린 뒤 원형 깍지를 끼운 짤주머니에 커스터드 크림
   을 넣는다. 그리고 높이 1.5cm 정도의 물방울 모양 크림으로 시트 표면을 채운
   뒤 냉장고에 넣어 크림이 굳을 때까지 10분 정도 차갑게 보관한다.

2. 냉장고에서 꺼낸 후 남은 1장의 스펀지 시트를 마저 올려주고 1과 동일하게 크
   림을 짠다. 데코 스노우(분량 외)와 토핑을 사용해 색깔 밸런스를 맞춰가며 데커
   레이션한다.

NOTE
• 화려한 녹색이 아름다운 넘버 케이크로 라즈베리의 산미가 말차 향을 더욱 살려줍니다.

Meringue à la Chantilly

머랭 샹티이 스타일

재료 (숫자 하나 분량)

● 머랭 시트
달걀흰자 2개(60g)
설탕 50g
A | 설탕 65g
  | 옥수수 전분 7g

● 마스카르포네 크림
생크림 100g+100g
홍차 티백 3팩
분말 젤라틴 3g
냉수 15g
슈가 파우더 35g
바닐라 에센스 10방울(2g)
마스카르포네 200g

● 토핑
딸기 4~5개
라즈베리 7~8개
카모마일(식용) 5개
스프링클(원형) 적당량

사전 준비

◎ 머랭 반죽을 원하는 숫자 모양 도안 위에 짜준 뒤 오븐에 굽는다(→P62).
◎ 마스카르포네 크림을 만든다(→P54). 만드는 방법 중, 과정 1에서 생크림은 홍차 티백을 넣고 가열한다. 끓어오르기 전에 불을 끄고 홍차가 잘 우러나도록 5분 정도 그대로 둔다 ⓐ. 홍차 티백을 뺀 뒤 분말 젤라틴을 섞는다. 뒤의 과정은 동일하다.
◎ 딸기와 라즈베리의 절반 정도는 세로로 반을 자르고, 남은 딸기는 1cm 정도로 자른다.

만들기

1. 접시에 머랭 시트를 올린 뒤 원형 깍지를 끼운 짤주머니에 마스카르포네 크림을 넣는다. 그리고 높이 1.5cm 정도의 물방울 모양 크림으로 시트 표면을 채운 뒤 냉장고에 넣어 크림이 굳을 때까지 10분 정도 차갑게 보관한다.

2. 냉장고에서 꺼낸 후 남은 1장의 머랭 시트를 마저 올려주고 1과 동일하게 크림을 짠다. 토핑을 사용해 색깔 밸런스를 맞춰가며 데커레이션한다.

NOTE
· 구운 머랭에 크림 샹티이를 바른 프랑스 전통 과자인 머랭 샹티이를 넘버 케이크 스타일로 만들었습니다.
· 홍차는 얼그레이 티를 사용하였지만, 다르질링 티도 괜찮습니다.
· 머랭이 눅눅해지기 전에 먹습니다.

Tiramisu

티라미수 스타일

재료 (숫자 하나 분량)

● **스펀지 시트**
달걀 3개(150g)
설탕 90g
박력분 90g
A │ 버터 20g
│ 우유 20g
│ 인스턴트커피 5g

● **마스카르포네 크림**
생크림 100g+100g
│ 분말 젤라틴 3g
│ 냉수 15g
슈가 파우더 35g
바닐라 에센스 10방울(2g)
마스카르포네 200g

● **토핑**
마카롱(커피) 2~3개
핑거 비스킷 3개
코코아 파우더 적당량
스프링클(별 모양) 적당량

사전 준비

◎ 스펀지 시트를 만들어(→P58) 원하는 숫자 모양으로 2장 잘라낸다.
사전 준비 시 인스턴트커피를 **A**에 넣는다.
◎ 마스카르포네 크림을 만든다(→P54).
◎ 핑거 비스킷은 3~4등분으로 잘라 코코아 파우더를 뿌린다.

만들기

1. 접시에 스펀지 시트를 1장 올린 뒤 원형 모양 깍지를 끼운 짤주머니에 마스카르
포네 크림을 넣는다. 그리고 높이 1.5cm 정도의 물방울 모양 크림으로 시트 표
면을 채운 뒤 냉장고에 넣어 크림이 굳을 때까지 10분 정도 차갑게 보관한다.

2. 냉장고에서 꺼낸 후 남은 1장의 스펀지 시트를 마저 올려주고 **1**과 동일하게 크
림을 짠다. 코코아 파우더와 토핑을 사용해 색깔 밸런스를 맞춰가며 데커레이
션한다.

NOTE

• 이탈리아 전통 디저트인 티라미수를 넘버 케이크 스타일로 만들었습니다. 커피 풍미의 스펀지 시트
에 마스카르포네 크림을 올리기만 하면 완성됩니다.
• 커피는 쓴맛이 강한 인스턴트 커피를 사용했습니다. 상품에 따라 쓴맛이 다르므로 조절하세요.

Saint Valentin

밸런타인데이

재료 (하트 하나 분량)

● **사브레 시트**
버터 120g
바닐라 에센스 5방울(1g)
소금 한 꼬집
슈가 파우더 85g
달걀 ½개(25g)
아몬드 파우더 35g
박력분 180g
코코아 파우더(무당) 20g

● **마스카르포네 크림**
생크림 100g+100g
분말 젤라틴 3g
냉수 15g
슈가 파우더 35g
바닐라 에센스 10방울(2g)
마스카르포네 200g
딸기 잼 50g

● **토핑**
딸기 10개
라즈베리 3~4개
미니 장미(식용) 6개
스프링클(원형) 적당량

사전 준비

◎ 사브레 반죽을 원하는 하트 모양으로 2장 잘라내 오븐에 굽는다(→P60).
사전 준비 시 박력분은 코코아 파우더와 함께 체에 친다.

◎ 남은 반죽으로 하트 모양 쿠키를 만든다. 6개 정도 만들어 케이크용 하트 모양의
시트와 함께 오븐에 12분 정도 굽다가 먼저 꺼낸다.

◎ 마스카르포네 크림을 만든다(→P54). 만드는 방법 중, 과정 3에서 마스카르포네
와 딸기 잼을 함께 넣어 부드러워질 때까지 섞는다.

◎ 딸기는 세로로 얇게 자르고, 라즈베리는 세로로 반을 자른다.

만들기

1. 접시에 사브레 시트를 1장 올린 뒤 원형 깍지를 끼운 짤주머니에 마스카르포네
크림을 넣는다. 그리고 높이 1.5cm 정도의 물방울 모양 크림으로 시트 표면을
채운 뒤 냉장고에 넣어 크림이 굳을 때까지 10분 정도 차갑게 보관한다.

2. 냉장고에서 꺼낸 후 남은 1장의 사브레 시트를 마저 올려주고 1과 동일하게 크
림을 짠다. 하트 모양의 쿠키와 토핑을 사용해 색깔 밸런스를 맞춰가며 데커레
이션한다.

NOTE

• 하트 모양의 도안을 사용해만드는, 넘버 케이크가 아닌 심벌 케이크!

• 토핑으로 올리는 과일은 블루베리처럼 산미가 있는 과일과도 잘 어울립니다.

Noël

크리스마스

재료 (별 하나 분량)

● **사브레 시트**
버터 120g
바닐라 에센스 5방울(1g)
소금 한 꼬집
슈가 파우더 85g
달걀 ½개(25g)
아몬드 파우더 35g
| 박력분 200g
| 강판에 간 생강 1ts
| 시나몬 파우더 1ts

● **커스터드 크림**
달걀노른자 3개(60g)
설탕 65g+10g
A | 박력분 15g
| 옥수수 전분 15g
우유 300g
바닐라 에센스 10방울(2g)
메이플 시럽 60g
| 분말 젤라틴 4g
| 냉수 20g
생크림 150g

● **토핑**
딸기 3개
마롱 글라세 적당량
스프링클(원형) 적당량
데코 스노우 적당량

사전 준비

◎ 사브레 반죽을 원하는 별 모양으로 2장 잘라내 오븐에 굽는다(→P60).
사전 준비 시 박력분을 체에 친 뒤 생강과 시나몬 파우더와 함께 잘 섞는다.
◎ 남은 반죽으로 크리스마스를 모티브로 한 별, 나뭇잎, 순록 모양 등의 쿠키를 만
든다. 쿠키 커터 ⓐ를 사용해 5개 정도 찍어낸다 ⓑ. 별 모양 시트와 함께 오븐에
12분 정도 굽다가 먼저 꺼낸다.
◎ 커스터드 크림을 만든다(→P55). 만드는 방법 중, 과정 **5** 후에 메이플 시럽을 넣
고 잘 섞는다.
◎ 딸기는 세로로 반을 자른다.
◎ 마롱 글라세는 굵게 썬다.

만들기

1. 접시에 사브레 시트를 1장 올린 뒤 원형 깍지를 끼운 짤주머니에 커스터드 크림
을 넣는다. 그리고 높이 1.5cm 정도의 물방울 모양 크림으로 시트 표면을 채운
뒤 냉장고에 넣어 크림이 굳을 때까지 10분 정도 차갑게 보관한다.

2. 냉장고에서 꺼낸 후 남은 1장의 사브레 시트를 마저 올려주고 **1**과 동일하게 크
림을 짠다. 데코 스노우와 크리스마스를 상징하는 쿠키, 토핑을 사용해 색깔 밸
런스를 맞춰가며 데커레이션한다.

NOTE
• 종이 패턴에 있는 별 모양으로 만드는 심벌
케이크. 시중에서 판매하는 크리스마스용 토
퍼 하나만으로도 분위기가 확 달라집니다.

ⓐ   ⓑ

Halloween

핼러윈

31

재료 (숫자 하나 분량)

● 사브레 시트
버터 120g
바닐라 에센스 5방울(1g)
소금 한 꼬집
슈가 파우더 85g
달걀 ½개(25g)
아몬드 파우더 35g
┌ 박력분 180g
└ 코코아 파우더(무당) 20g

● 버터 치즈 크림
크림 치즈 150g
버터 45g
슈가 파우더 45g
바닐라 에센스 5방울(1g)

● 호박 크림
호박 100g(껍질 제외)
설탕 15g
소금 한 꼬집
버터 10g
럼주 2g
생크림 10g

● 토핑
마시멜로 적당량
초코 크런치 적당량
호박씨(시판용) 적당량
스프링클(원형) 적당량

사전 준비
◎ 사브레 반죽을 원하는 숫자 모양으로 2장 잘라내 오븐에 굽는다(→P60).
사전 준비 시 박력분은 코코아 파우더와 함께 체에 친다.
◎ 남은 반죽으로 핼러윈을 모티브로 한 별, 호박 모양 등의 쿠키를 만든다. 쿠키 커
터를 사용해 3~4개 찍어낸 후, 숫자 모양과 함께 오븐에 12분 정도 굽다가 먼저
꺼낸다.
◎ 버터 치즈 크림을 만든다(→P56).
◎ 호박 크림 만들기(버터는 상온 보관).
  ① 호박은 씨를 빼내고 껍질을 벗긴다(이 상태로 100g 사용). 2~3cm 정도로 잘라 내열 용기에 넣어
  랩을 씌운 뒤 전자레인지에 5분 정도 가열한다. 젓가락으로 찔러봤을 때 속까지 익었으면 OK.
  ② 체에 ①을 넣고 고무주걱으로 누르며 걸러주고ⓐ 설탕, 소금, 버터, 럼주를 넣어 고무 주걱으로
  잘 섞는다.
  ③ 짤주머니에 넣어 모양을 낼 만큼 부드러워지게 생크림을 넣고 잘 섞는다.

만들기
1. 접시에 사브레 시트를 1장 올린 뒤 원형 깍지를 끼운 짤주머니에 버터 치즈 크
   림을 넣는다. 다른 짤주머니에는 별 모양의 깍지를 끼우고 호박 크림을 넣는다.
   그리고 2가지 크림을 밸런스 좋게 높이 1.5cm 정도의 물방울 모양으로 시트 표
   면을 채운 뒤 냉장고에 넣어 크림이 굳을 때까지 10분 정도 차갑게 보관한다.
2. 냉장고에서 꺼낸 후 남은 1장의 사브레 시트를 마저 올려주고 1과 동일하게 2가
   지 크림을 짠다. 핼러윈을 상징하는 쿠키와 토핑을 사용해 색깔 밸런스를 맞춰
   가며 데커레이션한다.

NOTE
• 핼러윈은 10월 31일이어서 31의 숫자를 사용했습니다. 물론 좋아하는 숫자로 만들어도 OK.
• 호박 크림을 사용하기 때문에 이 레시피의 버터 치즈 크림의 양은 ½입니다.
• 호박 크림의 경우 별 모양 깍지가 없으면 원형 깍지를 사용해도 됩니다.

ⓐ

Mariage

웨딩

재료 (하트 하나 분량)

● **스펀지 시트**
달걀 3개(150g)
설탕 90g
박력분 90g
A │ 버터 20g
  │ 우유 20g

● **커스터드 크림**
달걀노른자 3개(60g)
설탕 65g+10g
A │ 박력분 15g
  │ 옥수수 전분 15g
우유 300g
바닐라 에센스 10방울(2g)
│ 분말 젤라틴 4g
│ 냉수 20g
생크림 150g

● **토핑**
백도(통조림) 100g
드라제 5개
마카롱(화이트) 2개
초콜릿 과자 2~3종류 적당량
마시멜로(핑크) 적당량
미니 장미(식용) 적당량
스프링클(원형) 적당량

사전 준비

◎ 스펀지 시트를 만들어(→P58) 원하는 하트 모양으로 2장 잘라낸다.

◎ 커스터드 크림을 만든다(→P55).

◎ 백도는 페이퍼 타월로 물기를 잘 닦아준 후 1cm로 깍둑썰기한다.

만들기

1. 접시에 스펀지 시트를 1장 올린 뒤 원형 깍지를 끼운 짤주머니에 커스터드 크림을 넣는다. 그리고 높이 1.5cm 정도의 물방울 모양 크림으로 시트 표면을 채운 뒤 냉장고에 넣어 크림이 굳을 때까지 10분 정도 차갑게 보관한다.

2. 냉장고에서 꺼낸 후 남은 1장의 스펀지 시트를 마저 올려주고 1과 동일하게 크림을 짠다. 토핑을 사용해 색깔 밸런스를 맞춰가며 데커레이션한다.

NOTE

• 하트와 화이트로 '웨딩'을 표현한 넘버 케이크. 결혼식이나 결혼기념일에 만들어보세요.

• 드라제는 아몬드를 설탕으로 감싼 과자로, 외국에서는 하객용 선물로도 사용합니다.

Arc-en-Ciel

레인보우

재료 (숫자 하나 분량)

● **머랭 시트**
- 달걀흰자 2개(60g)
- 설탕 50g
- A │ 설탕 65g
- │ 옥수수 전분 7g

● **버터 치즈 크림**
- 크림 치즈 300g
- 버터 90g
- 슈가 파우더 90g
- 바닐라 에센스 10방울(2g)
- 마멀레이드 60g
- 강판에 간 오렌지 껍질
  (오렌지 ½개 분량)

● **토핑**
- 라즈베리 2개
- 딸기 3개
- 오렌지 ¼개
- 파인애플 적당량
- 키위 ¼개
- 블루베리 10개
- 코코넛 과자 적당량
- 마시멜로(녹색) 적당량
- 팬지(식용) 적당량
- 카모마일(식용) 적당량
- 펜타스(식용) 적당량

사전 준비

◎ 머랭 반죽을 원하는 숫자 모양 도안 위에 올려 짜준 뒤 오븐에 굽는다(→P62).

◎ 버터 치즈 크림을 만든다(→P56). 단, 마멀레이드와 오렌지 껍질을 함께 섞는다.

◎ 라즈베리는 세로로 반을 자른다. 딸기 1개는 5mm로 깍둑썰기하고 나머지는 세로로 반을 자른다. 오렌지는 껍질을 벗겨 2~3cm로 깍둑썰기한다. 파인애플은 3mm로 은행잎 썰기를 하고, 키위는 3mm로 반달 모양으로 자른다.

만들기

1. 접시에 머랭 시트를 1장 올린 뒤 원형 깍지를 끼운 짤주머니에 버터 치즈 크림을 넣는다. 그리고 높이 1.5cm 정도의 물방울 모양 크림으로 시트 표면을 채운 뒤 냉장고에 넣어 크림이 굳을 때까지 10분 정도 차갑게 보관한다.

2. 냉장고에서 꺼낸 후 남은 1장의 머랭 시트를 마저 올려주고 1과 동일하게 크림을 짠다. 과일의 색을 사용해 레인보우처럼 그러데이션을 내주며 데커레이션한다.

NOTE

• 7가지 색을 사용한 넘버 케이크로 색만 맞으면 과일, 시판용 과자, 식용 꽃 등 어느 것을 써도 상관없습니다.

• 오렌지는 사용하기 전 껍질을 깨끗이 닦아주세요.

Ustensiles et ingrédients
기본 도구와 재료

볼
반죽을 섞기 위해서는 직경 20cm 이상의 큰 볼이 좋습니다. 크기별로 3~4개 있으면 편리합니다.

오븐용 유산지
오븐 철판에 깝니다. 갈색보다는 흰색이 좋고 철판 전체를 깔 수 있는 사이즈를 고르세요. 넓이 30cm 추천.

거품기
반죽을 섞을 때 사용합니다. 실리콘보다는 스테인리스 제품을 추천합니다.

고무 주걱
내열성의 실리콘 제품을 추천합니다. 일체형이 씻기 편리합니다.

과도
반죽을 자를 때 사용합니다. 과일의 사전 준비에도 유용합니다.

핸드 믹서
반죽과 생크림을 섞거나 거품을 낼 때 사용합니다. 일반 거품기도 OK.

우유
일반 우유를 사용합니다. 단, 저지방 우유는 피하세요.

생크림
동물성 크림을 사용하고 유지방 36% 정도가 적당합니다.

바닐라 에센스
바닐라 페이스트
향과 풍미를 위해 사용합니다. 이 책의 레시피에서는 바닐라 에센스를 사용합니다. 바닐라 페이스트를 사용하는 경우 바닐라 에센스 5방울을 바닐라 페이스트 1g으로 대체할 수 있습니다.

분말 젤라틴
시트를 겹쳐도 무너지지 않게 하거나 크림의 강도를 높이기 위해 사용합니다. 식감과 맛에는 영향을 끼치지 않습니다. 판 젤라틴도 OK. 이 책의 레시피에서 분말 젤라틴:불리는 물 양의 비율은 1:4입니다. 사용하는 상품의 설명서를 참고하세요.

버터
무염버터를 사용합니다. 발효 버터가 아닙니다.

밀가루
반죽에는 제과용 박력분을 사용합니다.

달걀
M 사이즈를 사용합니다. 노른자 20g+흰자 30g, 총 50g을 기본으로 합니다. 상온에 두었다가 사용하세요.

아몬드 파우더
사브레 반죽에 쓰이는데, 아몬드 껍질이 없는 파우더를 사용합니다. 머랭 반죽에는 옥수수 전분도 사용합니다.

설탕
가능하다면 제과용 설탕이 좋습니다.

슈가 파우더
일반적인 것과 잘 녹지 않는 데코 스노우를 사용합니다.

Décoration

귀여운 토핑의 비결

각 레시피의 토핑은 예시일 뿐입니다.
쉽게 구할 수 있는 토핑으로 구성해보세요.
아기자기하고 귀여운 데커레이션을 원한다면
아래와 같이 주변에서 구하기 쉬운 재료를 사용하세요.

마카롱

눈에 확 띄고 멋스러운 토핑 재료
입니다. 여러 가지 색이 있어 데
커레이션하기 좋습니다. 큰 마카
롱은 홀수로 올리면 밸런스를 잡
기 쉽습니다.

과일

라즈베리와 블루베리처럼 작고
사용하기 편한 것이 좋습니다.
딸기는 알맞은 사이즈로 잘라주
세요. 잘게 부순 견과류(피스타치
오, 호두)도 편리합니다.

그 외 시판용 과자

핑거 비스킷과 초코바, 웨이퍼, 마
시멜로 등 귀여운 과자들로 꾸미
면 좋습니다. 케이크의 맛과 색에
잘 어울리는 과자를 골라주세요.

허브

민트와 로즈메리가 잘 어울립니
다.

스프링클

제과에서 토핑으로 잘 쓰이는 스
프링클은 구슬 외에도 별 등 다
양한 모양이 있습니다.

식용 꽃

최근 슈퍼에서도 판매하며 인터
넷에서도 구매 가능합니다. 식용
꽃으로 사랑스러운 데커레이션
을 할 수 있지만 없어도 OK.

남은 반죽으로 만든 쿠키

사브레 반죽과 머랭 반죽이 남았
을 경우 쿠키 커터로 모양을 찍
어내거나 막대 모양, 물방울 모
양으로 짜서 케이크와 같이 구울
수 있습니다. 반죽을 버리기 아
까우니 꼭 만들어보세요.

Chantilly au Mascarpone

마스카르포네 크림

부드러운 식감에 은은한 단맛과 깊이 있는 풍미를 지닌 마스카르포네를 베이스로 한 크림.
젤라틴을 넣어 단단함을 더해 시트를 쌓기 쉽고, 데커레이션하기 편합니다.

재료 (만들기 쉬운 분량)

생크림 100g+100g
│ 분말 젤라틴 3g
│ 냉수 15g
슈가 파우더 35g
바닐라 에센스 10방울(2g)
마스카르포네 ⓐ 200g

사전 준비

◎ 분말 젤라틴은 냉수를 넣어 불린다 ⓑ.

만드는 방법

1. 냄비에 생크림 100g을 넣고 중불에서 기포가 생기기 시작하며 끓어오르기 전까지 가열한다 ⓒ.
   냄비를 불에서 내린 후 불려둔 젤라틴을 넣고 ⓓ, 고무 주걱으로 섞어 완전히 녹인다.

2. 1을 볼에 옮겨 담고 남은 생크림 100g, 슈가 파우더, 바닐라 에센스를 넣고 거품기로 부드럽게
   섞은 뒤 ⓔ 냉장고에서 20분 동안 식힌다.

3. 다른 볼에 마스카르포네를 넣고, 2를 3회에 걸쳐 나눠 넣어주면서 ⓕ 부드럽게 될 때까지 잘 섞
   는다 ⓖ.

4. 3의 볼에 얼음물을 넣은 볼 ⓗ을 받쳐 밑바닥을 차갑게 해준다. 그리고 핸드 믹서(고속)로 3분
   정도 섞는다 ⓘ. 크림을 들어 올렸을 때 부드럽게 뿔이 생기면 OK ⓙ. 랩을 씌워 냉장고에 15분
   정도 차갑게 보관한다.

NOTE

• 크림은 짤주머니에 넣어 짜기 쉽도록 차갑게 해둡니다. 생크림과 마스카르포네는 반드시 차가운 상태에서 섞어야 분리
  되지 않습니다.
• 부드러운 마스카르포네를 사용하면 4 과정에서 시간이 좀 더 걸립니다. 마스카르포네 상태를 보고 조절하세요.
• 숫자에 따라 다르지만 숫자 하나의 경우 크림이 약간 남습니다. 숫자 2개를 만들 경우 재료 분량을 1.5~2배로 늘려야 합
  니다.
• 만든 당일에 먹어야 합니다.

POINT
60~80℃. 이때 인스턴트 커피와 초콜릿을 넣어 녹이면 커피, 초코 크림을 만들 수 있습니다.

ⓐ

ⓑ

POINT
잘 녹지 않았을 때는 다시 가열해서 섞습니다.

ⓒ

ⓓ

POINT
잼과 같은 고형물은 여기에서 함께 넣어 섞어둡니다.

ⓔ

ⓕ

ⓖ

ⓗ

ⓘ

ⓙ

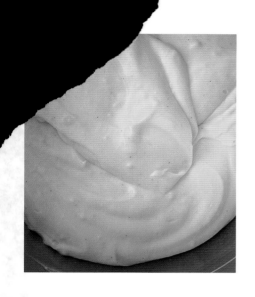

기본 크림 ❷

Crème Pâtissière

커스터드 크림

생크림을 넣어서 부담스럽지 않은 적당한 단맛이 매력입니다.

케이크 시트와 잘 어울리며, 여러 가지 맛과 향을 더해도 밸런스가 좋은 것이 특징.

커스터드 크림에도 젤라틴을 넣어 단단함을 더했습니다.

재료 (만들기 쉬운 분량)

달걀노른자 3개(60g)	우유 300g
설탕 65g+10g	바닐라 에센스 10방울(2g)
A 박력분 15g	분말 젤라틴 4g
옥수수 전분 15g	냉수 20g
	생크림 150g

사전 준비

◎ 분말 젤라틴은 냉수를 넣어 불린다.

◎ A를 섞어 체에 친다 ⓐ.

만드는 방법

1. 볼에 달걀노른자와 설탕 65g을 넣고, 거품기로 설탕이 녹아 아이보리색이 될 때까지 섞는다 ⓑ. 체에 쳐둔 A를 넣고 날가루가 없어질 때까지 섞는다.

2. 냄비에 설탕 10g, 우유, 바닐라 에센스를 넣고 중불에서 80℃ 정도까지 끓인 후 ⓒ 불에서 내린다.

3. 1의 볼에 2를 3회에 걸쳐 나눠 넣어주면서 ⓓ 거품기로 부드럽게 잘 섞은 후 냄비에 다시 담는다 ⓔ.

4. 냄비를 다시 중불에 올려 끓여주며 거품기로 섞고, 기포가 생기기 시작하면 바닥에 들러붙지 않게 30초 정도 더 섞는다. 광택과 찰기가 생기면 ⓕ 불에서 내려 스테인리스 용기에 옮겨 담아 평평하게 하고 랩을 씌워 ⓖ 냉장고에 20분 동안 식힌다.

5. 볼에 차가워진 4를 넣은 후 거품기로 부드러워질 때까지 잘 풀어 준다 ⓗ.

6. 불린 젤라틴은 전자레인지에 40초 동안 가열해 60℃ 온도에서 녹여주고, 5의 볼에 넣어 잘 섞는다 ⓘ.

7. 다른 볼에 생크림을 넣고 얼음물을 넣은 볼을 받쳐 밑바닥을 차갑게 해준다. 그리고 핸드 믹서(고속)로 2분 30초~3분 정도 섞는다. 크림을 들어 올렸을 때 부드럽게 뿔이 생기면 OK ⓙ.

8. 6의 볼에 7을 3회에 걸쳐 나눠 넣어주면서 ⓚ 거품기로 부드럽게 될 때까지 잘 섞는다 ⓛ. 랩을 씌워 냉장고에 15분 정도 차갑게 보관한다.

NOTE

• 숫자에 따라 다르지만 숫자 하나의 경우 크림이 약간 남습니다. 숫자 2개를 만들 경우 재료 분량을 2배로 늘려야 합니다.

• 만든 당일에 먹어야 합니다.

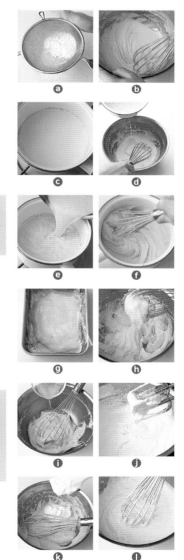

POINT
말차 등 향신료를 넣을 경우는 여기에서 추가합니다.

POINT
레몬 즙과 캐러멜 등 액체, 초콜릿의 고형물을 넣을 경우는 부드럽게 풀어둔 커스터드 크림에 섞습니다.

기본 크림 ❸

Cream Cheese

버터 치즈 크림

은은한 산미와 풍미가 깊은 크림 치즈는 섞어주기만 하면 완성됩니다.
입안에 넣으면 부드러운 식감의 크림이지만, 단단한 편이어서 시트가 잘 고정됩니다.

재료 (만들기 쉬운 분량)

크림 치즈ⓐ 300g
버터 90g
슈가 파우더 90g
바닐라 에센스 10방울(2g)

사전 준비

◎ 버터와 크림 치즈는 사용하기 전 상온에서 부드럽게 해둔다.

만드는 방법

볼에 모든 재료를 넣고(슈가 파우더는 체에 쳐서 넣는다ⓑ), 핸드 믹서(고속)로 40초 정도 섞는다. 부드럽게 잘 섞였으면 OKⓒ.

NOTE

• 숫자에 따라 다르지만 숫자 하나의 경우 크림이 약간 남습니다. 숫자 2개를 만들 경우 재료 분량을 2배로 늘려야 합니다.
• 냉장고에서 3일 정도 보관할 수 있습니다.

ⓐ

ⓑ

ⓒ

Papier Patron

종이 패턴 사용 방법

반죽을 숫자 모양으로 잘라내려면 이 페이지 왼쪽에
있는 종이 패턴을 뜯어내 사용하세요.

1. 사용하고 싶은 숫자 도안 만들기

사용하고 싶은 숫자 종이 패턴에 오븐용 유산지를 올린
후 펜으로 따라 그립니다. 하얀 오븐용 유산지는 아래 숫
자가 잘 보여 사용하기 편합니다. 그리고 가위나 커터 칼
로 잘라냅니다.

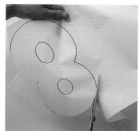

2. 숫자 모양 만들기

스펀지 반죽은 구워진 시트, 사브레 반죽은 굽기 전 반죽
에 숫자 도안을 올려 그대로 잘라냅니다. 이때 펜 나이프
를 이용하면 편합니다. 머랭 반죽의 경우, 숫자 2개의 도
안을 그린 유산지를 철판에 깔고 그 위에 오븐용 유산지를
다시 한 번 깔아줍니다(펜의 잉크가 반죽에 스며들지 않게 하
기 위해). 숫자를 덧그리듯이 머랭 반죽을 짜서 올립니다.

스펀지 시트   사브레 반죽   머랭 반죽

스펀지 시트의 섬세한
부분은 조리 가위로 깔
끔하게 잘라내세요.

스펀지 시트는 버리는 부분이 많이 없게 잘라주세요.
특히 [4]와 [8]과 같은 사이즈가 큰 숫자는 주의. 위의 그림처럼 숫자 도안을 만들어줍니다.

génoise

스펀지 시트

폭신폭신하고 두께감이 느껴지는 스펀지 시트.

크림과 만나면 생크림 케이크처럼 완성됩니다.

조금은 자르기 어려우니 정성껏 작업해주세요.

오븐에서 꺼낸 뒤 식힌 다음 펜나이프로 잘라내면 수월합니다.

섬세한 부분은 조리 가위로 잘라서 정리합니다.

재료 (숫자 하나 분량(30X30cm 철판 1장 분량))

달걀 3개(150g)

설탕 90g

박력분 90g

A | 버터 20g
     | 우유 20g

사전 준비

◎ 달걀은 상온에 놓아두었다가 사용한다.

◎ 박력분은 체에 쳐둔다 ⓐ.

◎ A는 볼에 넣어 중탕으로 녹여주고 80℃ 정도의 상태를 유지시킨다 ⓑ.

◎ 오븐용 철판에 오븐용 유산지를 깐다.

  ① 철판보다 10cm 정도 길게 유산지를 자른다 ⓒ.

  ② 위, 아래가 긴 경우는 철판 안쪽 부분에 접어 넣어 적당한 크기로 만든다 ⓓ.

  ③ 위로 비어져 나온 양 끝부분은 바깥으로 접는다 ⓔ.

  ④ 이렇게 1장 더 만들어서 십자 모양으로 2장의 유산지를 겹쳐 깐다 ⓕ.

◎ 사용할 숫자 도안 만들기. 이 책의 P56~57 사이에 있는 숫자 패턴에 유산지를 깔고
펜 등으로 덧그린다 ⓖ. 가위나 커터 칼로 잘라낸다 ⓗⓘ.

◎ 오븐은 적당한 타이밍에 200℃로 예열한다.

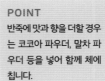

POINT

반죽에 맛과 향을 더할 경우
는 코코아 파우더, 말차 파
우더 등을 넣어 함께 체에
칩니다.

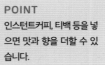

POINT

인스턴트커피, 티백 등을 넣
으면 맛과 향을 더할 수 있
습니다.

만드는 방법

1. 볼에 달걀과 설탕을 넣고 거품기로 가볍게 섞는다. 볼을 중탕 물에 올려 35℃로 데워주면서 거품기로 가볍게 거품을 내며 설탕을 녹인다 **ⓙ**.

2. 볼을 중탕 물에서 내린 후 핸드 믹서(고속)로 큰 원을 그리듯이 5분 정도 거품을 낸다 **ⓚ**. 반죽이 아이보리색이 되면 거품을 들어 올려 리본 모양을 그려본다. 떨어진 거품이 몇 초 동안 유지되면 OK **ⓛ**.

3. 핸드 믹서(저속)로 2분 정도 더 거품을 내주고 기포를 정리한다.

4. 체에 친 박력분은 2회에 걸쳐 나눠 넣어주고 그때마다 고무 주걱으로 볼 밑바닥부터 들어 올려주듯이 20회 정도 섞는다 **ⓜ ⓝ**. 반죽에 광택이 생기면 OK **ⓞ**.

5. A를 넣은 볼에 **4**를 A와 동일한 양을 더해 **ⓟ** 잘 섞는다.

6. **4**의 볼에 **5**를 다시 넣고 **ⓠ** 볼 밑바닥부터 들어 올려주듯이 30회 정도 섞는다. 이때 거품이 꺼지지 않도록 주의한다 **ⓡ**. 부드럽게 섞었으면 OK **ⓢ**.

7. 유산지를 깐 철판에 반죽을 부어준다 **ⓣ**. 스크래퍼로 반죽을 평평하게 만든다 **ⓤ**.

8. 예열한 오븐의 온도를 180℃로 내린 후, 반죽을 넣고 12분 정도 굽는다. 스펀지 시트에 탄력이 생기면 OK **ⓥ**. 유산지로 감싼 채 철판에서 뺀 뒤 식힘 망에 올려 완전히 식힌다.

9. 시트에서 유산지를 벗겨낸다 **ⓦ**. 바닥에 유산지를 깔고 시트 윗면이 바닥으로 오게 뒤집어놓는다 **ⓧ**. 시트 바닥의 유산지도 벗겨낸 후 다시 시트를 뒤집는다. 시트 위에 숫자 도안을 올려 펜 나이프를 이용해 숫자 모양대로 잘라낸다 **ⓨ**.

NOTE

- 유산지를 벗겨낼 때 반죽 표면이 함께 떨어지는 경우도 있지만, 어차피 크림을 바르기 때문에 크게 신경 쓰지 않아도 됩니다.
- 재료는 숫자 하나 분량입니다. 숫자 2개 분량을 만들 때, 오븐이 작아서 한번에 구울 수 없는 경우에는 반죽을 한 번에 만드는 것이 아니라, 2회에 걸쳐 만들고 따로 오븐에 굽습니다. 굽기 전에 반죽을 만들어놓으면 기포가 사라져서 스펀지 시트가 부풀어 오르지 않습니다.
- 구운 상태로 상온에서 2일 정도, 냉동실에서는 1개월 정도 보관할 수 있습니다. 랩을 씌우거나 봉지에 넣어서 보관합니다.

Trifle

남은 반죽으로 만든 트라이플

영국 케이크로 컵에 작게 자른 스펀지 시트, 커스터드 크림, 세로로 자른 딸기, 막대 모양의 머랭 쿠키 등을 넣기만 하면 됩니다. 다른 종류의 크림을 사용해도 OK.

POINT
스크래퍼를 45도로 기울여 반죽이 올라와 있는 부분부터 평평하게 만들어줍니다. 같은 곳을 2회 이상 만지지 않습니다.

POINT
시트가 완전히 식었으면 랩을 씌워 마르지 않게 합니다.

POINT
섬세한 부분은 조리 가위로 잘라서 정리합니다 **ⓩ**.

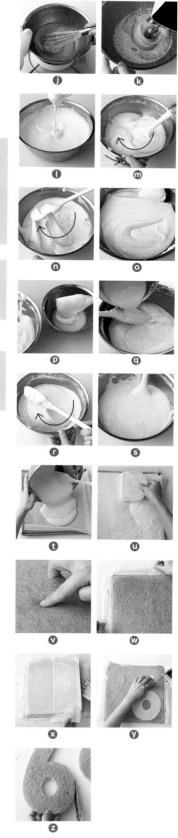

pâte sablée

사브레 시트

바삭한 사브레 시트는 부드러운 크림과 대비를 이뤄
바삭함과 부드러움이 입안에서 동시에 즐거움을 줍니다.
시트가 부서지지 않도록 만들 때 주의합니다.
크림을 발라놓을 경우 사브레 시트가 수분을 빨아들여
눅눅해지는 경우도 있습니다.

재료 (숫자 하나 분량)

버터 120g
바닐라 에센스 5방울(1g)
소금 한 꼬집
슈가 파우더 85g
달걀 ½개(25g)
아몬드 파우더 35g
박력분 200g

사전 준비

◎ 버터, 달걀은 상온에 놓아두었다가 사용한다.
◎ 슈가 파우더, 아몬드 파우더, 박력분은 각각 체에 친다 ⓑ.
◎ 오븐용 철판에 오븐용 유산지를 깐다 ⓒ.
◎ 사용할 숫자 도안 만들기. 이 책의 P56~57 사이에 있는 숫자 패턴에 유산지를 깔고 펜 등으로 덧
    그린다 ⓓ. 가위나 커터 칼로 잘라낸다 ⓔ ⓕ.
◎ 오븐은 적당한 타이밍에 190℃로 예열한다.

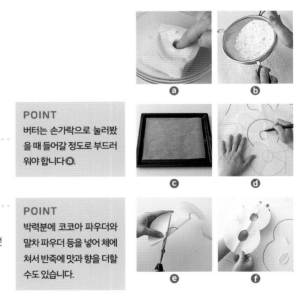

POINT
버터는 손가락으로 눌러봤
을 때 들어갈 정도로 부드러
워야 합니다 ⓐ.

POINT
박력분에 코코아 파우더와
말차 파우더 등을 넣어 체에
쳐서 반죽에 맛과 향을 더할
수도 있습니다.

만드는 방법

1. 볼에 버터, 바닐라 에센스, 소금을 넣고 고무 주걱으로 눌러주듯이 잘 섞는다. 버터가 부드러워지면 슈가 파우더를 체에 쳐서 넣고 날가루가 사라질 때까지 고무 주걱으로 다시 한 번 섞는다.

2. 달걀은 3회에 걸쳐 나눠 넣어주면서 광택이 날 때까지 큰 원을 그리듯이 섞는다.

3. 아몬드 파우더를 넣고 눌러주듯이 섞는다. 아몬드 파우더가 잘 섞이면 OK.

4. 박력분은 3회에 걸쳐 나눠 넣어주고 그때마다 볼 밑바닥부터 반죽을 들어 올려주듯이 20회 정도 섞는다. 날가루가 사라지면 한 덩어리로 만들어 2등분한다(각 225g).

5. 반죽은 2장의 랩 사이에 넣고 밀대로 숫자가 놓일 크기만큼 민다(두께 약 3mm). 그대로 냉장고에 넣어 2시간 휴지시킨다.

6. 반죽은 랩을 벗겨내고 철판에 올린다.
   반죽 위에 숫자 도안을 올려 펜 나이프 등을 이용해 숫자 모양대로 잘라낸다.

7. 예열한 오븐의 온도를 170℃로 내린 후, 반죽을 넣고 15~20분 정도 굽는다.
   사브레 시트가 적당한 갈색이 나면 OK. 철판째로 식힘 망에 올려 식힌다.
   열기가 사라지면 시트를 식힘 망에 올려 완전히 식힌다.

NOTE

- 재료는 숫자 하나 분량입니다. 숫자 2개 분량을 만들 때, 오븐이 작아서 한번에 구울 수 없는 경우에는 반죽을 한 번에 만들어놓고 2회에 걸쳐 따로 굽습니다. 구울 동안 다른 반죽은 냉장실에 보관합니다.
- 사브레 반죽은 굽기 전에 랩을 씌워 숫자 상태로 1개월 정도 냉동 보관할 수 있습니다. 냉동 보관한 사브레 반죽을 사용할 경우 해동하지 않고 동일한 방법으로 굽습니다. 굽는 시간도 동일합니다.
- 구운 사브레 시트는 랩을 씌운 뒤 상온에서 3일 동안 보관할 수 있습니다.

Sablés

남은 반죽으로 만든 쿠키

남은 반죽으로 작은 쿠키를 만들어보세요.
좋아하는 쿠키 커터를 사용해 만든 후 숫자 사브레 반죽과 함께 12분 정도 굽다가 먼저 빼냅니다.

POINT
이 과정 후 캐러멜 등을 넣는 경우가 있습니다.

POINT
하룻밤 정도 휴지시켜도 됩니다. 반죽이 차갑게 굳으면 깔끔하게 잘립니다.

POINT
반죽을 떼어내기 어려우면 나무 꼬치 등을 사용합니다.

POINT
오븐에 굽기 전 5분 정도 냉장고에 넣어 차갑게 해주면 시트가 잘 퍼지지 않습니다.

POINT
바로 구운 시트는 부서지기 쉬우므로 주의합니다.

61

Meringue

머랭 시트

달걀흰자를 거품 내 저온에서 천천히 구워낸 바삭바삭한 시트.
크림과 함께 입에 넣으면 사르르 녹아내립니다.
머랭 시트는 바로 습기를 빨아들이기 때문에 실내에 놓아두면 안 되는데
특히 고온 다습한 계절에 주의해야 합니다.

재료 (숫자 하나 분량)

달걀흰자 2개(60g)

설탕 50g

A | 설탕 65g
　 | 옥수수 전분 7g

사전 준비

◎ 달걀흰자는 차갑게 해서 사용한다.

◎ **A**는 섞어둔다.

◎ 오븐용 유산지를 철판 크기에 맞춰 자른다. 이 책의 P56~57 사이에 있는 숫자 패턴에 유산지를
　 깔고 펜 등으로 2개의 도안을 만든다 ⓐ. 그리고 그 위에 1장의 유산지를 다시 한 번 깐다 ⓑ.

◎ 짤주머니에 직경 1cm의 원형 깍지를 끼운다 ⓒ(→P5).

◎ 오븐은 적당한 타이밍에 **100℃로 예열한다.**

POINT
100℃로 설정이 안 될 경우, 최저 온도로 맞추고 굽는 시간을 짧게 합니다.

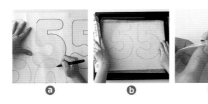

ⓐ　　　　ⓑ　　　　ⓒ